BAKING DIARY

烘焙星球

阿木的手作烘焙日记

关英进 彭恩德 陈成斌 编著

Hello!

人民邮电出版社

北京

图书在版编目（CIP）数据

烘焙星球：阿木的手作烘焙日记 / 关英进，彭恩德，陈成斌编著. -- 北京：人民邮电出版社，2024.1（2024.7重印）
ISBN 978-7-115-63057-5

Ⅰ. ①烘… Ⅱ. ①关… ②彭… ③陈… Ⅲ. ①烘焙—糕点加工—教材 Ⅳ. ①TS213.2

中国国家版本馆CIP数据核字（2023）第208157号

内 容 提 要

本书是一本能在平淡生活中为读者带来积极能量的烘焙教程。作者精选了几十种备受欢迎的面包与甜点作品，通过简约高级的版式风格，全面展示了每种甜品的制作流程及注意事项，让读者能够学以致用，做出既美味又美观的甜品。书中介绍的甜品主要有多种日式面包、欧包、碱水包、可露丽、司康等市面上非常受欢迎的品种。整本书带给读者一场视觉盛宴，更能激发读者兴趣，让读者既能收获动手的快乐，又能得到味觉的享受。

本书适合对烘焙感兴趣的初学者及咖啡店主阅读和参考。

◆ 编　　著　关英进　彭恩德　陈成斌
　　责任编辑　董雪南
　　责任印制　周昇亮
◆ 人民邮电出版社出版发行　　北京市丰台区成寿寺路 11 号
　　邮编　100164　　电子邮件　315@ptpress.com.cn
　　网址　https://www.ptpress.com.cn
　　北京九天鸿程印刷有限责任公司印刷
◆ 开本：690×970　1/16
　　印张：11.25　　　　　　　　2024 年 1 月第 1 版
　　字数：288 千字　　　　　　 2024 年 7 月北京第 3 次印刷
定价：88.00 元
读者服务热线：**(010)81055296**　印装质量热线：**(010)81055316**
反盗版热线：**(010)81055315**
广告经营许可证：京东市监广登字 20170147 号

前言

Hello，这里是阿木同学的烘焙教程。

为什么我们取名为"阿木同学"呢？因为机缘巧合，定下这个名字之后，我们三人团队就用这个名字了。

我们三人之前在一家食品企业里面分别承担研发、平面设计、行政统筹等工作。后来一起开门店，在开门店的同时，也把我们平时的制作过程记录下来。

● 为什么要记录下来？

因为这是我们一起工作的点点滴滴啊，我们想把每天的工作都尽可能地记录下来，这样以后就可以回顾从前。

● 为什么敢把配方分享出来？

配方可以有千千万万的变化，就算是传统做法也会有多种配方，传统做法不一定合适，我们把配方调整到了适合大众的口味，然后把配方和做法分享出来，这样才可以把烘焙的门槛降低，让更多热爱和准备从事这一行的小伙伴加入烘焙行业，可以持续进行更多的创新。

● 为什么做教程分享要用这种图文的形式呢？

有很多烘焙教学都是以文字的形式分享，我们觉得那样不够简单明了，用简单图文配上简约的排版，岂不是更通俗易懂和吸引人吗？

希望你们可以通过这本书的内容找到你们心中热爱的事物，也希望你们也能够喜欢本书的排版设计。

目录

01

面包制作的
基础理论

Basic Baking Knowledge

面包制作原料配比

面包制作原料配比是指将面粉量的基准定为 100%，面包中的各种原料占面粉分量的百分比。

以盐面包为例（直接法）

原料	重量	比例
高筋面粉	200g	100%
冰水	120g	60%
干酵母	3g	1.5%
盐	4g	2%
无盐黄油	10g	5%
奶粉	10g	5%

馅料	重量
有盐黄油	6g/ 个

* 直接法: 将所有的原料全部搅拌在一起并揉和，不需要面种。

以软欧面包为例（添加面种）

高筋面粉总重: 250g │ 水总量: 170g
干酵母总量: 2.7g │ 盐总量: 2.6g

主面团

原料	重量	比例
高筋面粉	200g	100%
冰水	120g	60%
干酵母	2.5g	1.25%
盐	2.5g	1.25%
无盐黄油	15g	7.5%
奶粉	10g	5%

30% 液种

液种	重量	比例
高筋面粉	30g	12%
水	30g	液种水粉比 1:1
干酵母	0.2g	液种酵母占 0.6%

20% 烫种

烫种	重量	比例
高筋面粉	20g	8%
水	20g	烫种水粉比 1:1
盐	0.1g	烫种盐占 0.5%

* 面种比例: （面种总重量 / 主面团的面粉重量）

手揉 or 机揉？

本书的配方都是用和面机制作的面团，如果手揉的话，也是可以的。

醒发与发酵

在制作过程中，通常使用醒发箱或者在固定温度下醒发。如果没有醒发箱，则可以在烤箱里放上热水，用烤箱发酵，但是要留意湿度和温度。

烤箱一定要提前预热

最后发酵至差不多的时候，就要设置烤箱温度，令烤箱达到指定温度，再进行烤制。不要一设置好烤箱温度就把面团放进去，这样烘烤时间会有误差，也会影响面包口感。

每个烤箱的"脾气"都不一样，可以按照教程里提供的温度或根据自己的烤箱情况对温度进行调整。

02

面包原料

Material

制作面包需要的原料

面粉

面粉有高筋面粉和低筋面粉等种类的区分，制作面包通常使用高筋面粉。

要进一步了解面粉可以参考本书关于面粉的介绍。

酵母

酵母有干酵母与鲜酵母这两种。可将酵母与面粉、水、盐等原料混合后进行发酵。酵母需要冷藏或冷冻保存，冷冻的酵母处于休眠的状态。

要进一步了解酵母可以参考本书关于酵母的介绍。

冰水

使用冰水，可以保证面团在和面的过程中保持较低的温度。如果面团温度过高会导致酵母提前工作甚至丧失活性，也会导致面团断筋。

盐

盐的用量虽然占比很低，但是会让面包风味大大提高。另外盐也可以加强面筋的柔韧度，使做出来的面包更有弹性。

黄油

在和面的过程中，通常在面筋打至7~8成的时候加黄油。在面团里加入黄油，可以增加面团的延展性。另外黄油也能增加面包的风味和延缓面包老化。

白砂糖

糖是酵母的能量来源之一，它能给酵母提供养分，保证酵母的生长。另外糖还具有增加风味和防止面包老化的作用。

奶粉

奶粉的吸水性比较强，可以增加面团的含水量。在风味上可以增加面包的奶香味。

鸡蛋

鸡蛋能提高面包的松软口感，帮助其乳化，强化结构和增加面包的颜色。

03

工具介绍

Baking Tools

常用工具

烤箱

烤盘

烤箱是制作面包的重要工具之一。它能提供稳定的温度，以便面包能有效地发酵。还可以控制面包的烘烤时间和温度。通过提供热气和循环运动，烤箱可以使面包均匀受热，从而使面包在烘烤时均匀上色并变得松软。

烤盘与烤箱是配套的，烤盘是一种用于烤制食物的烹饪器具，通常由金属或耐高温原料制成。使用有涂层的烤盘可以防止食物粘盘。

放凉架可以用于冷却刚烘烤好的面包。

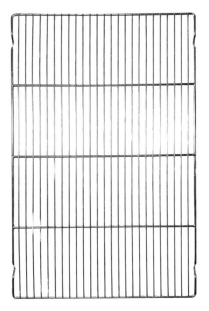

放凉架

烤箱手套

烤箱手套是一款由棉质原料制成的厚实手套，能够有效地保护手部免受高温烤箱或烤架等热源的伤害。

在我的使用经验中，右图所示的这款手套已经被我使用了一年，虽然表面已经累积了不少污渍，但是仍然能够保持常规的防高温效果。因为该手套套住手部的手感很好，所以也不会影响我的烘焙效率和操作体验。

电子秤

电子秤是烘焙过程中必不可少的工具，因为它可以准确地测量原料的重量，特别是对于某些需要精确比例的配方，例如面包、蛋糕、饼干等，使用电子秤可以保证食品的口感和质量。

刮板

刮板通常用于烘焙过程中，其主要作用是分割面团或进行和面操作时，避免面团黏附在面缸或其他表面上。通过使用刮板，可以轻松将面团从容器或表面刮下来，以便进行下一步操作。刮板通常由塑料或橡胶制成，具有平滑的表面和锐利的边缘，使其更易于使用和清洁。

插入式温度计

面团温度的控制非常重要，温度过高或过低都会影响面团的发酵和烘焙结果。为了准确地控制面团温度，在制作面包时需要用到检测面团温度的插入式温度计。

面团的理想温度范围是24℃~28℃。

擀面杖

擀面杖是用来将分切好的面团擀平再整形的，除了木质的，市面上也有其他材质的擀面杖。

木棒

在卷蛋糕卷时，这个木棒很好用，而且长度刚刚好。

锋利的割刀

当使用割刀时，需要轻轻地将割刀插入生面团表面，不要用力过猛，以免影响形状和纹路的美观。同时，需要根据不同的花纹要求选择不同的角度和切割深度，以达到最佳的效果。

黄油分切器

黄油分切器是一种专门为烘焙而设计的工具，使用它可以快速地将黄油切成均匀的薄片或块状。通常用来切盐面包中间的黄油块。

发酵布

制作法式面包时需要使用特殊的发酵布。将发酵布铺在木板或面团盘上，然后将分切好的面团放在发酵布上，再单独隔开每个面团，以确保每个面团在发酵过程中不走形。面团在发酵过程中，需要在布上撒上一层薄薄的面粉，以免面团长时间与布接触导致干硬和发霉。它可以保证面团的形状、质量和口感。

使用完的发酵布，要将其清洗晾干，并放到阴凉、干燥处存放，以保持其质量和使用寿命。

BAKING
TOOLS

胶刷

胶刮（中）

胶刮（大）

搅拌器

漏勺

刨刀

过滤筛

打蛋器

烘焙模具介绍

挞皮模具

挞皮模具

半熟芝士模具

可露丽模具

固底圆形蛋糕模具
（6英寸）

4英寸

6英寸

8英寸

活底圆形蛋糕模具
（4、6、8英寸）

方形酥皮挞模具

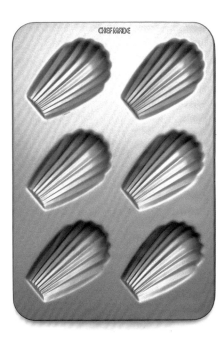

玛德琳模具

吐司模具

咕咕霍夫蛋糕模具
（4英寸）

布丁模具

长条巴斯克模具

04

面粉与发酵

Flour and Fermentation

面粉的知识

面粉是由小麦麦粒研磨制成的。
麦粒是由**麸皮、胚乳和胚芽**组成的。
面粉中有蛋白质、脂肪、水、矿物质，以及少量的维生素和酶类。
淀粉在面粉中的占比约为75%。在制作面包时，淀粉在酸和酶的作用下，
水解成糊精、高糖、麦芽糖和葡萄糖，参与美拉德反应和焦糖化反应，
赋予面包的色泽和风味，同时也为酵母提供食物。

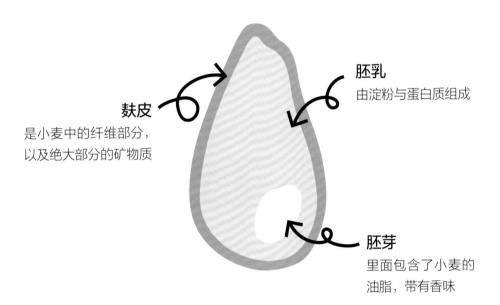

胚乳
由淀粉与蛋白质组成

麸皮
是小麦中的纤维部分，
以及绝大部分的矿物质

胚芽
里面包含了小麦的
油脂，带有香味

这是一粒小麦

美拉德反应　指的是食物中的碳水化合物与氨基酸／蛋白质在常温或加热的期间发生的一系列反应，产生类黑精与拟黑素。另外，在反应过程中还会产生成百上千的气孔，这些气孔里面蕴含了多种风味。在美拉德反应中，包含颜色的变黄、变深、变黑，香气的产生，以及味道上的转变，例如甜味的产生。

Q&A

可以将面粉简单分成以下 3 类。

高筋面粉、中筋面粉和低筋面粉。

这 3 种面粉的区别在于面粉里面的**蛋白质**含量不同。

蛋白质所形成的**面筋蛋白**是决定面团的关键。

高筋面粉
蛋白质含量 **12.5%~13.5%**

高筋面粉适合做各种西式面包（法棍、欧包等）和比萨饼底。因为其韧性较高，经过烘焙后蓬松厚实，面团发酵后具有支撑力，会在里面产生许多气孔。

中筋面粉
蛋白质含量 **9.5%~12%**

中筋面粉适合做绝大部分咸味的中式面食（包子、馒头、饺子等），在没有中筋面粉的情况下，可以将高筋面粉与低筋面粉混合使用。

低筋面粉
蛋白质含量 **8.5% 以下**

低筋面粉因为筋度较弱，质地更加柔嫩顺滑，多用于蛋糕、司康、华夫饼、曲奇等的制作。

制作面团

控制好面团温度，揉面就成功一半了。

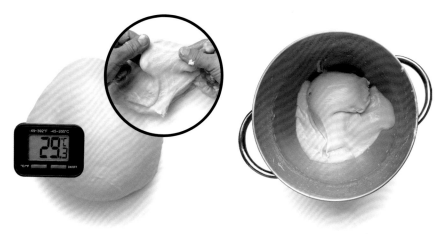

面团温度过高
揉面易断筋

面团打发过度
揉面易断筋

在揉面过程中要保持面团温度不超过25℃，所以和面的时候尽量加冰水，室温也不宜过热。避免面团在揉搓的过程中一部分酵母已经开始发酵，使面团很难形成面筋。

另外在面团打发的过程中要留意面团形态，不要把面团打发过度，打发过度的面团十分黏手。

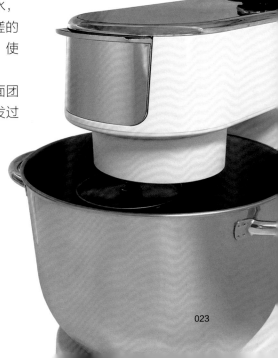

和面小技巧

如果使用厨师机，在加入原料的时候，要用慢档将其搅拌成团后，再开快档搅拌。搅拌的时候要留意面团的状态，假如面团表面太干，要加一点水，保证面团的湿度。

例如，原味贝果的水粉比是固定的，但是如果在其中加入抹茶粉，因为抹茶粉也会吸水，那么在原有的基础上，要适当添加一点水，保证整个面团的湿度。

和面

时间 **09:00** 档位 **03**

   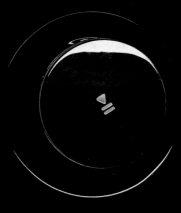

功能 时间 档位

和面

时间 **03:00** 档位 **10**

   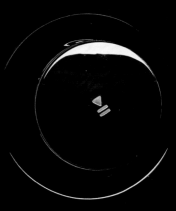

功能 时间 档位

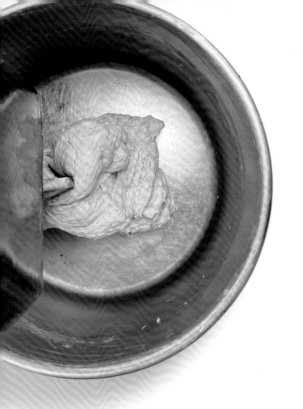

面团的状态

将面团所需的原料倒进面缸里，
揉成大约 7 成筋度的状态，
再加入黄油和盐。

黄油一定要经软化才能用，不宜直接
加热软化，可以用微波炉软化，但是
时间不宜过久。软化后的黄油还有固
定的形状，但是很软。

加入黄油后，用慢速搅拌，这时面团会被
打散，让面团吸收黄油后，慢慢面团就很容
易被揉至 9 成筋度（俗称手套膜）。

揉好的面团表面比较光滑

揉好的面团是有筋度的，拉伸面团会
有弹性，且会呈现手套膜。
水量不大的面团不会黏手。
假如面团打过的话，会黏面缸，
拉伸的面团也没有弹性。

面筋筋度

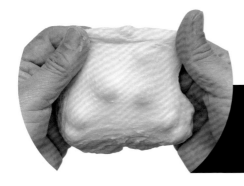

↻ 七成筋度

可以轻松拉出厚膜，且表面粗糙
撕开后孔洞会有大的锯齿状

↻ 八成筋度

膜逐渐变得光滑
撕开后孔洞会有小的锯齿状

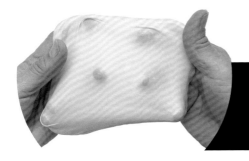

↻ 九成筋度

膜表面变得光滑且透亮
有比较完整的孔洞

酵母的作用

酵母是制作面包时必不可少的原料。

酵母在工作时会吸收糖分，分解释放二氧化碳，增加面团的体积，使其蓬松，使面包口感更加松软。

另外在发酵过程中，酵母产生的复杂碳水化合物、酯类和化学物质，会赋予面包特殊的香气和味道。

酵母的使用方法如下。

1. 激活酵母：将酵母放在水或牛奶中（温度大约 20℃），加入一点糖，让它们有条件生长繁殖。这样可以确保酵母的生命力，将其加入面团中更有利于品质的保证。

2. 酵母不能与盐长时间直接接触。酵母接触盐后，盐融化会导致酵母脱水，从而影响酵母的活性。

3. 发酵时控制温度：酵母会根据不同的温度表现出不同的生长能力，一般来说适合的温度为 28℃ ~35℃。

总之，酵母在面包的制作过程中起到了非常重要的作用。只要正确使用酵母，注意时间、温度等要素的把控，就可以制作出非常美味的面包。

酵母的区分

酵母主要分为干酵母和鲜酵母。

干酵母
干酵母的特点是发酵效率集中，水分少，好保存。

干酵母是颗粒状的，是由喷雾干燥的方式制成的，要冷冻保存。

建议先与 5 倍的水溶解后再用。用厨师机揉面超过 6 分钟以上的，可以直接加入干酵母一起和面。干酵母分为**耐高糖**和**低糖**两种。糖占面粉重量为 8% 以上的，就要用耐高糖干酵母。通常情况下，对于低糖或者无糖的配方，可以使用低糖干酵母。

鲜酵母
鲜酵母是一种复合式酵母菌。

鲜酵母是通过低温加热方式制成的。可以分装冷冻保存，每次使用的量是干酵母的 2.5~3 倍。

它是固状的，内部水分丰富，容易混合，是一种复合式酵母菌，有耐冻的功能。高糖、低糖等配方都可以使用鲜酵母。

发酵是什么

当我们想要制作绵密柔软的面团，并想增加面包的风味和口感时，发酵是不可或缺的一个步骤。

通过发酵，面团中的淀粉质会被酵母菌和面团中的酵素分解成糖类，酵母菌再将这些糖类代谢成二氧化碳和酒精，产生的二氧化碳气体会使面团膨胀，从而使面团变得柔软、蓬松和有弹性，使面包更加绵密柔软。

此外，面团中的酵素也会发挥作用，分解面团中的蛋白质和糖类，为酵母菌提供营养物质，促进其生长和繁殖。这些糖类和蛋白质的分解还会产生各种香气物质，为面包带来独特的风味和口感。

因此，在制作具有浓郁风味的面包时，发酵是必不可少的一个步骤。

影响酵母发酵的 4 点要素

温度

和好的面团的最佳温度是 25℃ ~35℃，温度每增加 8℃，酵母的活动速度就提高一倍，如果温度超过 40℃，酵母就慢慢失去活性，甚至会把酵母烫死。另外还有低温发酵（冷藏发酵），低温下，酵母活动减慢，可以延长发酵时间，充分释放面粉中的风味。

时间

酵母发酵需要一定的时间，一般在 1~2 小时。时间过短或过长都会影响发酵效果。假如选择冷藏发酵，那么需要比室温发酵更长的时间（约 8~24 小时），通常来说，一夜的冷藏发酵可以让面团有充足的时间进行慢速发酵，从而获得更好的口感和风味。

糖

酵母需要糖分作为能量来源，例如葡萄糖、果糖等单糖及麦芽糖等多糖。
另外酵母菌可以利用面团中的淀粉质，但是这个过程比较慢，因为淀粉质需要先被转化成葡萄糖，再被酵母利用。

水分

因为酵母需要水分才能生长和繁殖。
过多的水分可以让酵母快速发酵，但也容易导致过度发酵。如果面团发酵过度，酵母就会因为氧气不足而产生更多的酒精和酸性物质，导致面团的味道变得不好。

发酵时面团的状态

随着发酵的进行，酵母开始消耗面团中的糖分和淀粉，产生二氧化碳和乙醇，这会使得面团膨胀并变得松软。

当面团完成发酵后，它会膨胀，变得松软、弹性十足，甚至可能会在内部小气泡。此时，面团的体积应该比刚开始时大很多，重量也会变得更轻。

发酵温度与湿度的控制（手指凹痕测试法）

1. 用手轻轻按一下面团，如果凹陷处回弹得非常慢，就说明现在面团处于最佳醒发状态。

2. 如果将面团取出来，看到表面凹陷，就说明面团已经醒发过度了，在烘焙时已经不能膨胀到应有的体积了。

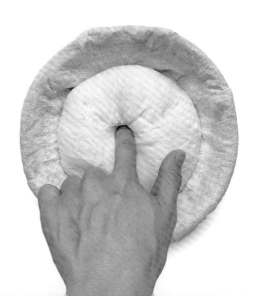

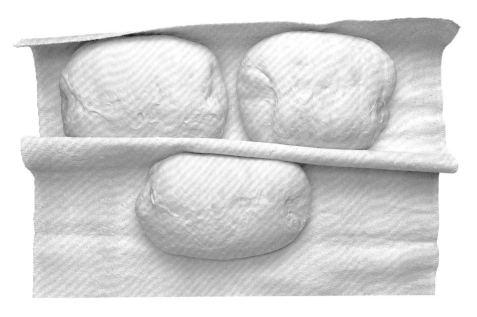

二次发酵 第一次发酵主要是让酵母进行繁殖，让面团产生风味。第一次发酵后，通常我们会对面团进行翻折排气的操作，消除其中的大气泡。在将其分割成型后进行二次发酵，使面团内部重新产生小气泡。这样，最后的成品才会拥有均匀细腻且蓬松的组织。

Q&A

05

面种是什么

Sourdough Starter

面种介绍与制作

面种可以被视为面包发酵的灵魂，在面种的帮助下，面团内部可以形成
更加疏松多孔的结构组织，从而使面团更柔软、具有更好的延展性。

面种在长时间的发酵过程中，会产生新的有机物质，充分唤醒谷物的味
道，在后期烘焙过程中会产生独有的香味，增加面包的风味和口感。

面种在不续种的前提下，应尽量在3天内使用完毕，否则会影响面包口
感和风味。

中种、**法国老面**、**液种**和**烫种**是我们日常面包制作过程中应用较为广泛
的四种面种。

中种

高筋面粉 200g   水 100g   干酵母 3g

1. 把所有原料混合在一起（也可以加入适量的奶粉和鸡蛋增加风味）揉成表面光滑的面团，无需出膜。

2. 将面团装进大碗，盖上保鲜膜密封，在室温条件下放置 1 小时，唤醒酵母活性。

3. 再将面团放进冰箱，冷藏发酵 12 小时。

中种 通常在做吐司或者软欧包的时候会用到。它可以帮助面团延长发酵时间，增加风味，也可以改善口感。通常中种用量会占主面团中面粉的 50%~70%。

Q&A

法国老面

高筋面粉 100g   水 80g   干酵母 1g   盐 1g

1. 将高筋面粉、水、盐和干酵母混合，用刮刀搅拌均匀，直到看不见干粉，将其揉成表现光滑的面团。

2. 将面团装进大碗，盖上保鲜膜密封。在 28℃的室温条件下将面团发酵到原来的 2 倍大。

3. 再将面团放进冰箱，冷藏发酵 12 小时。

> **法国老面**　可以是已经和好面之后留下来的面团，也可以直接制作。通常法国老面在配方中大概占 10%~15%，适当加入法国老面，可以加快面团的发酵速度。另外法国老面还能使面团内部更佳湿润和柔软。
>
> **Q&A**

液种

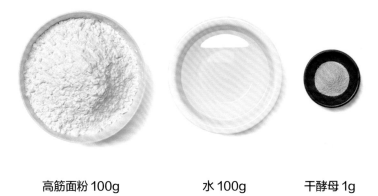

高筋面粉 100g　　　　　水 100g　　　　　干酵母 1g

1. 把水和干酵母混合，搅拌均匀。

2. 加入高筋面粉，用刮刀搅拌均匀，
   直到看不见干粉。

3. 将混合物放在大碗里，用保鲜膜
   密封，室温（28℃）发酵 1 小时
   以上。

4. 再将其放进冰箱，冷藏发酵 12
   小时。

液种　可以延缓面团老化，也可以增加面包风
味，液种制作面包比直接发会使面包更有弹性
和更易膨胀。
通常情况下，液种占面团配方里面粉总量的
30% 左右。

Q&A

烫种

高筋面粉 100g   水 100g

1. 先把水烧开（92℃即可），
   将开水快速倒入高筋面粉搅
   拌混合。

2. 让面糊充分乳化，将其放凉
   之后，包上保鲜膜冷藏发酵
   12 小时。

烫种 可以提高面团弹性，烫种的水分以温度较高的状态与面粉充分接触，将面粉中的淀粉
素泡胀，产生更多的胶质物质，增加面团的黏性，以此提高面团的弹性。此外，烫种在发
酵过程中分解成天然酵母，产生了更多的香味，以此增加面包的风味。

Q&A

06

面包&甜点的制作

Bread & Dessert

BAGEL

陈皮贝果

Amu Keep a Diary

面包体原料

高筋面粉	250g
冰水	140g
干酵母	3g
奶粉	15g
盐	3g
陈皮粉	8g
白砂糖	3g

1. 挑选陈皮。广东江门新会的陈
   皮被公认为陈皮的上品。

2. 将陈皮研磨成粗粉，加入开
   水泡软，沥干备用。

3. 将面团所有原料混合，
    揉成表面光滑的面团
（用保鲜膜盖好醒发 30 分钟）。

4. 分割面团，每个 80g 左右，将其揉成表面光滑的面团
    （用保鲜膜盖好醒发 15 分钟）。

5. 醒发后开始为面团整形，
   将其擀成长方形。

6. 用指尖把面团用力
   包裹起来。

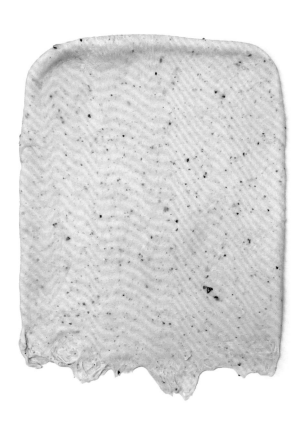

7. 接口朝上，用擀面杖
   将右边擀薄。

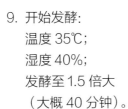

8. 首尾相接，
   收口处要捏紧。

9. 开始发酵：
   温度 35℃；
   湿度 40%；
   发酵至 1.5 倍大
   （大概 40 分钟）。

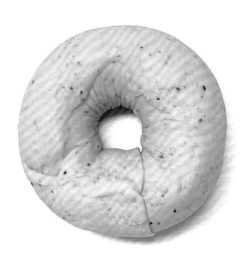

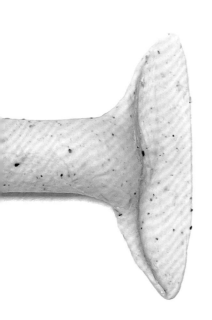

10. 准备好清水 500ml、糖 25g,
    加热至 90℃左右,
    将面团正反面各煮 20 秒。

11. 提前预热烤箱：

   上 230℃ ~下 230℃；

   7 分钟后盖上铝膜纸，防止表面上色

   （共烘烤 15 分钟）。

BAGEL
巧克力贝果

A m u K e e p a D i a r y

面包体原料

高筋面粉	250g
冰水	160g
干酵母	3g
奶粉	15g
盐	3g
可可粉	15g
白砂糖	3g

面包馅原料

巧克力豆	若干

1. 将所有原料混合,
   将其揉成表面光滑的面团
   （用保鲜膜盖好醒发30分钟）。

2. 分割面团, 每个80g左右,
   将其揉成表面光滑的面团
   （用保鲜膜盖好醒发15分钟）。

3. 醒发后开始整形
   将其擀成长方形

4. 在面饼上放上巧克力
   豆（注意右边也留出
   2cm）。

5. 用指尖按住面饼，把
   巧克力豆用力包裹起
   来。

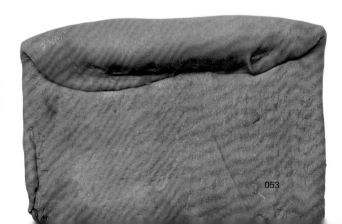

6. 从上往下将面饼卷成圆条, 捏
   紧收口。

7. 接口朝上, 用擀面杖将右边擀薄。

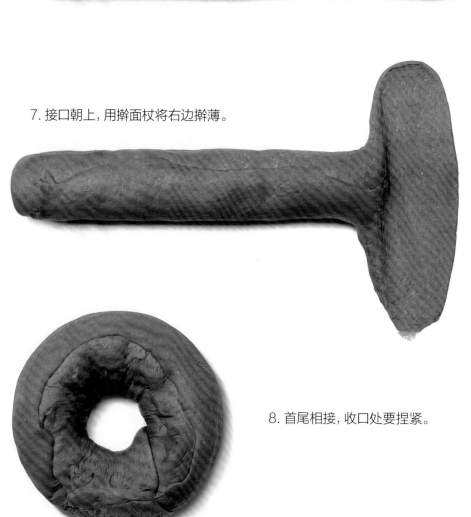

8. 首尾相接, 收口处要捏紧。

9. 开始发酵:

温度 35℃, 湿度 40%;
将面团发酵至 1.5 倍大
(大概 40 分钟)。

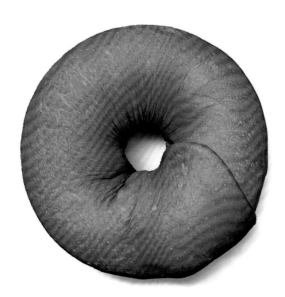

10. 准备好清水 500ml、糖 25g，
    将水加热至 90℃左右，
    正反面各煮 20 秒。

11. 提前预热烤箱，
    上层 210℃，
    下层 230℃，
    烘烤 15 分钟。

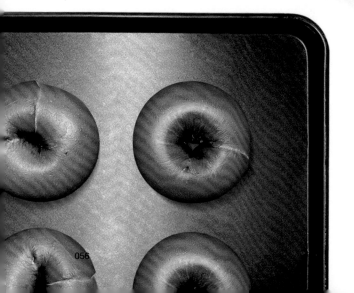

12. 巧克力贝果出炉!

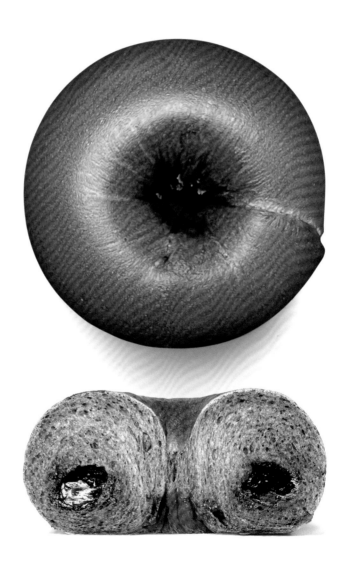

BAGEL

开心果奶酪贝果

Amu Keep a Diary

面包体原料

高筋面粉	250g
冰水	140g
干酵母	3g
奶粉	15g
盐	3g
白砂糖	3g
开心果酱[1]	15g

面包馅原料

奶油奶酪	140g
开心果酱[2]	30g
开心果碎	10g

1. 把面团的原料全部倒进面缸，将
   其搅拌成团（用保鲜膜盖好醒发
   30 分钟）。

2. 分割面团，每个 85g 左右，
   然后将其揉成表面光滑的面团
   （用保鲜膜盖好醒发 15 分钟）。

奶酪 140g

开心果酱 30g

开心果碎 10g

3. 制作开心果奶酪馅。
将奶酪、开心果酱、开心果碎
充分搅拌至均匀。

4. 把醒发好的面团擀成长方形
   面饼。

5. 在面饼上铺上开心果奶酪。

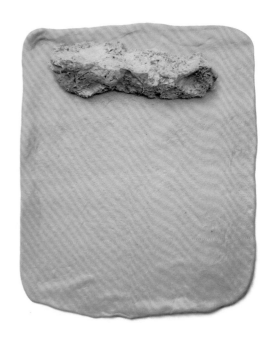

6. 从上往下包好奶酪馅。

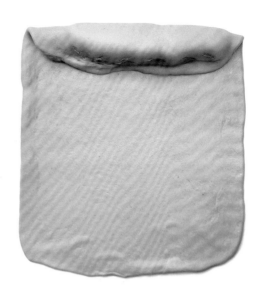

7. 卷好后把接口捏紧。

8. 将面团搓长一点。
   把右边擀成伞形。

9. 将贝果首尾相接, 接口
　　处要捏紧。

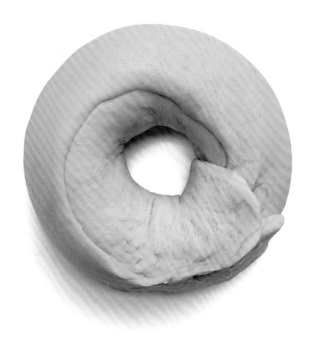

10. 再把贝果翻面即可。

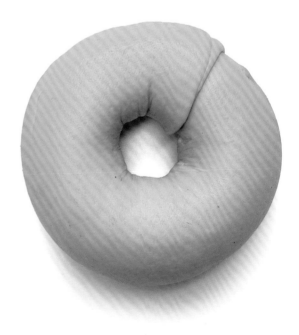

11. 开始发酵。

    温度 35℃, 湿度 40%,

    发酵至 1.5 倍大（大概 40 分钟）。

12. 准备好清水加热（90℃左右）

    这次不加糖,

    正反面各煮 20 秒,

    捞出再在贝果表面撒上开心果碎。

13. 提前预热烤箱:
上层 210℃,
下层 230℃。
烘烤 15 分钟。

叮!
开心果奶酪贝果出炉

BAGEL

抹茶奶酥贝果

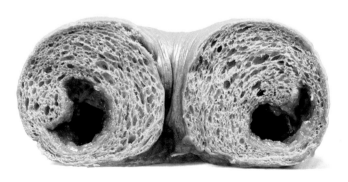

Amu Keep a Diary

面包体原料

高筋面粉	250g
冰水	160g
干酵母	3g
奶粉[1]	15g
盐	3g
抹茶粉	15g
白砂糖	3g

面包馅原料

无盐黄油	20g
奶粉[2]	30g
糖粉	6g
淡奶油	6g

1. 调配奶酥馅。

黄油常温下解冻至软化,
混合奶粉、糖粉、淡奶油,
搅拌均匀。

黄油 20g
奶粉 30g
糖粉 6g
淡奶油 6g

2. 将面团所有原料混合,
   将基揉成表面光滑的面团（用
   保鲜膜盖好醒发 30 分钟）。

3. 分割面团, 每个 80g 左右, 将其揉成表面光滑的面团
   （用保鲜膜盖好醒发 15 分钟）。

4. 醒发后开始整形，将其擀成长方形面饼。

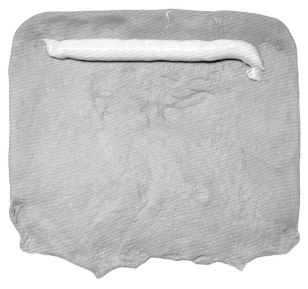

5. 在面饼上挤上奶酥馅（注意右边留出 2cm）。

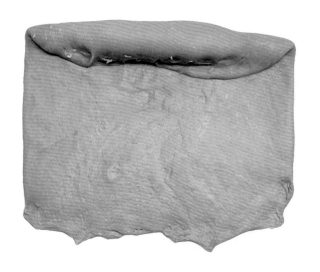

6. 用指尖把奶酥馅用力包裹起来。

7. 从上往下将面饼卷成圆条，捏紧收口。

8. 接口朝上，用擀面杖将右边擀薄。

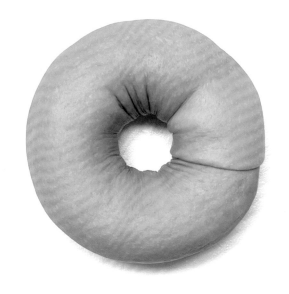

9. 首尾相接,
收口处要捏紧。

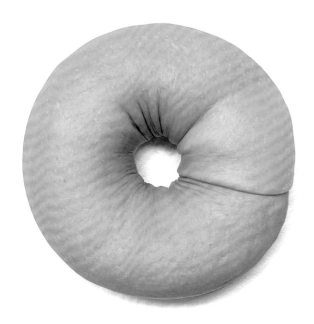

10. 开始发酵:
温度 35℃,
湿度 40%,
发酵至 1.5 倍大
(大概 40 分钟)。

11. 准备好清水加热（90℃左右），
　　 无需加糖，
　　 贝果正反面各煮 20 秒。

12. 提前预热烤箱：
　　 上层 210℃，
　　 下层 230℃，
　　 烘烤 15 分钟。

　　 从第 7 分钟开始，
　　 在贝果表面盖上锡纸，
　　 以防止表面上色。

13. 烤好出炉!

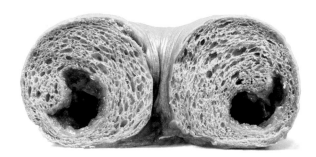

PRETZEL

芥末籽肠仔碱水包

A m u   K e e p   a   D i a r y

面包体原料

高筋面粉	500g
冰水	295g
干酵母	3g
奶粉	15g
盐	10g
无盐黄油	20g

面包馅原料

德式香肠	1条 / 个
芥末籽酱	适量

1. 将所有原料放进厨师机面缸
   （除了黄油和盐）。

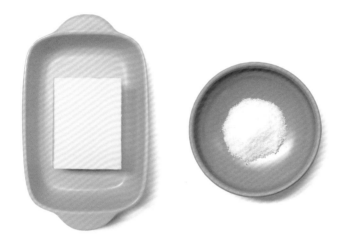

2. 待面团成团后加入盐和黄油，
高速打至八成面筋
（有延展性且均匀的中厚膜）。

3. 分割面团，每个 80g 左右，然后将其放
进冰箱冷藏 20~30 分钟。

4. 将面团擀成长方形的面饼。

5. 在面饼上铺上芥末籽酱。

6. 再铺上德式香肠。

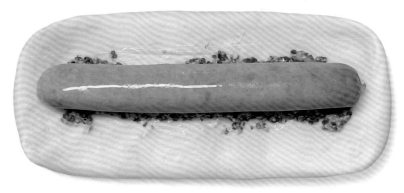

7. 从左往右, 将馅料包裹起来。

8. 完全包裹后, 记得捏紧接口。
   包好后放入冷冻柜冷藏 20 分钟。

9. 将包好的面团放入烘焙碱
水中浸泡 30 秒。一定要记
得带上手套（1000ml 水、
40g 烘焙碱）。

10. 在面团表面划上
花纹，准备进烤箱。

11. 提前加热烤箱：
    上层 230℃，
    下层 200℃，
    烤 16 分钟。

12. 叮！
    出炉！

SALT BUTTER ROLLS
黄油盐面包

Amu Keep a Diary

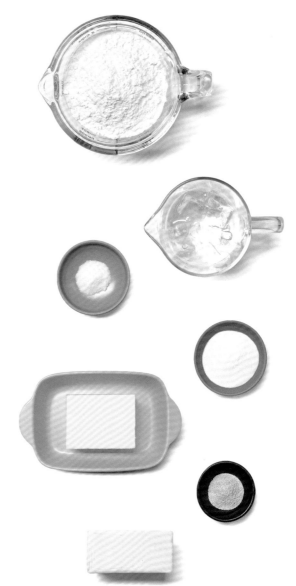

面包体原料

高筋面粉	200g
冰水	120g
干酵母	3g
奶粉	10g
盐	4g
无盐黄油	10g

面包馅原料

有盐黄油	6g/ 个

1. 将高筋面粉、奶粉、盐、干酵母、
   冰水 / 牛奶、无盐黄油放入
   厨师机搅拌成团，静置 15 分钟。
   面团温度在 25℃左右。

2. 平均分切（一个面团大约 60 克）。

3. 将小面团滚圆之后，静置 15 分钟醒面。

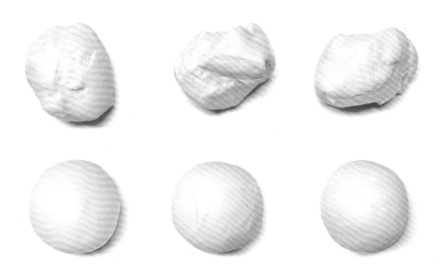

4. 开始整形，将面团搓成水滴形状。

5. 用擀面杖从上往下擀，
   尽量保持面饼厚度均匀。

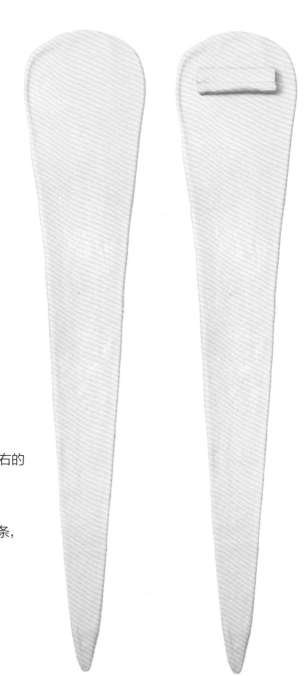

6. 面团擀成长度 55cm 左右的
   扇形。

7. 提前将有盐黄油切成长条，
   每条黄油 6g 左右。

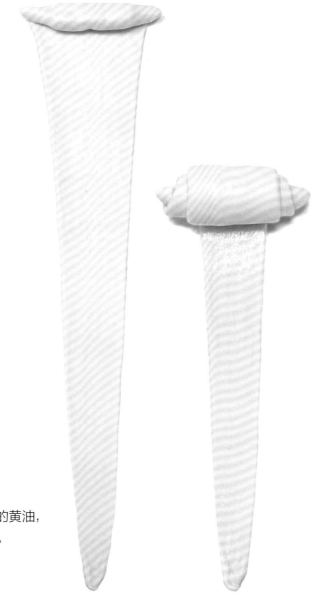

8. 在两边刷上软化的黄油，
从上往下卷起来。

9. 卷好的面包准备发酵：
   温度 30℃，湿度 40%
   发酵 40 分钟（发酵至 1.5 倍大）。

10. 烤箱温度设置:
    上层 210℃, 下层 190℃,
    进炉 5 秒蒸汽, 烘烤 15
    分钟即可。

SOFT
EUROPEAN BREAD

蔓越莓奶酪软欧

A m u   K e e p   a   D i a r y

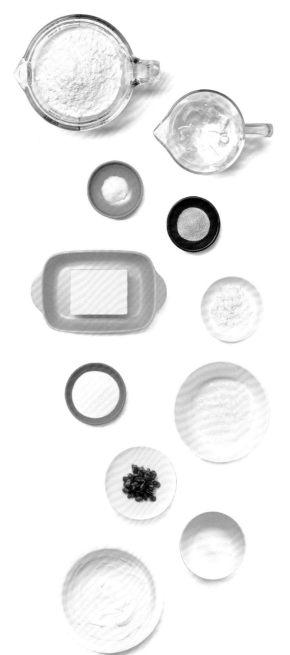

面包体原料

高筋面粉	200g
酵母	2.5g
白砂糖[1]	25g
冰水	120g
奶粉	10g
液种	60g
烫种	40g
无盐黄油	15g
盐	2.5g

面包馅原料

奶油奶酪	150g
蔓越莓果干	50g
白砂糖[2]	15g

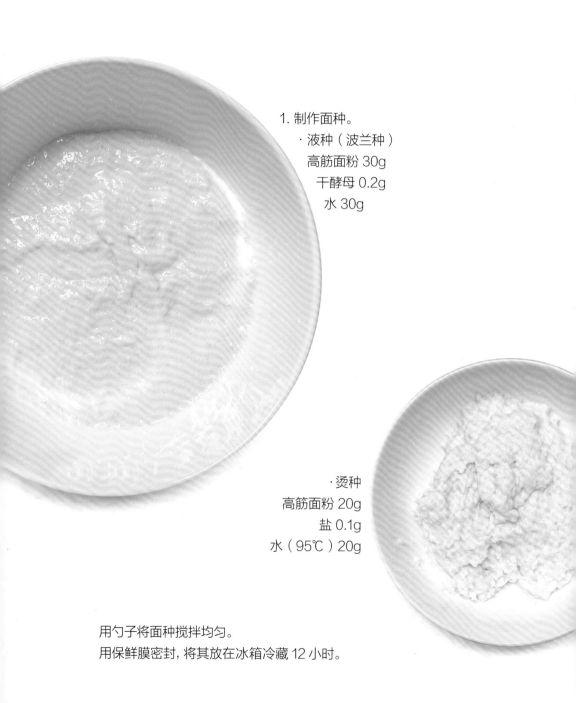

1. 制作面种。

·液种（波兰种）
高筋面粉 30g
干酵母 0.2g
水 30g

·烫种
高筋面粉 20g
盐 0.1g
水（95℃）20g

用勺子将面种搅拌均匀。
用保鲜膜密封，将其放在冰箱冷藏 12 小时。

液种 　　　　　　　　烫种

2. 将所有原料放进面缸
　　（除了黄油和盐）。

3. 将面团打至八成筋度，
　　然后加入盐和黄油，
　　用厨师机慢速搅拌均匀，
　　再快速搅拌至手套膜。

4. 将面团拿出揉圆
   （用保鲜膜盖好醒发 30 分钟）。

5. 分割面团, 每个 80g 左右。
   将面团揉至光滑整圆（用保鲜膜盖好
   醒发 15 分钟）。

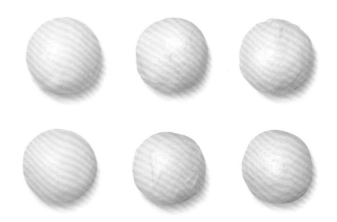

6. 调制蔓越莓奶酪馅料。

奶酪 150g
蔓越莓果干 50g
糖 15g

先将奶酪按压至软化,
再加入糖和蔓越莓果干,
搅拌均匀备用。

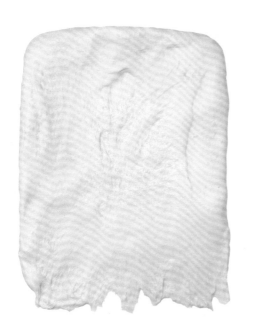 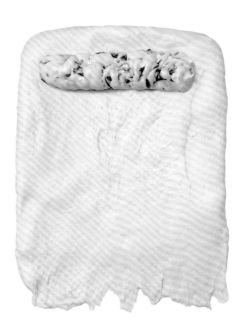

7. 用擀面杖将醒发后的面团擀平。 8. 将准备好的奶酪馅料
挤在面团上。

9. 用指尖从上往下
   用面饼把馅料压紧，
   直至完全包裹住馅料。

10. 收口记得捏紧哦!

11. 卷好的面包准备发酵。
温度 35℃，湿度 50%，
发酵 40 分钟左右
（发酵至 2 倍大）。

12. 撒上面粉或者
用刀割开花纹。

13. 提前加热烤箱：
上层 220℃，
下层 200℃，
先放入烤箱打
5 秒蒸汽，烤
10~12 分钟。

叮! 出炉!

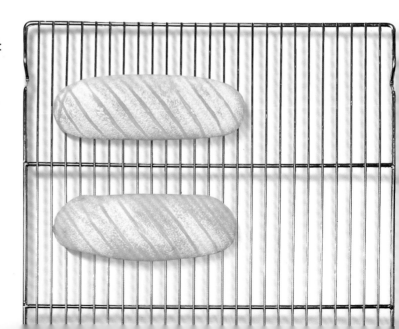

ROLL CAKE
原味蛋糕卷

Hello!

Amu Keep a Diary

蛋糕原料

牛奶	120g
大豆油	75g
低筋面粉	120g
玉米淀粉	10g
蛋黄	9个
蛋白	9个
白砂糖 [1]	135g
盐	1g
柠檬汁	5g

奶油原料

淡奶油	150g
奶油奶酪	10g
白砂糖 [2]	12g

牛奶 120g

大豆油 75g

低筋面粉 120g

玉米淀粉 10g

蛋黄 9个

1. 制作戚风蛋糕底。
把原料搅拌均匀
（低筋面粉与玉米淀粉要过筛）。

2. 蛋白 9 个
白砂糖 135g
盐 1g
柠檬汁 5g
将上述材料混合后用厨师机
打发至蛋白起尖尖。

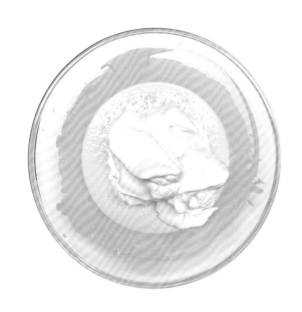

3. 把蛋白的三分之一倒入面糊，
将其搅拌均匀。

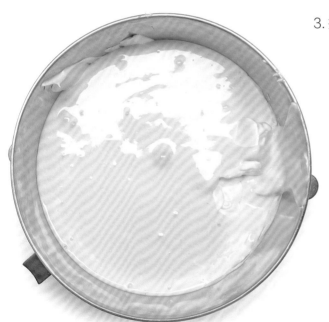

4. 将面糊再倒进剩下的蛋白里，
继续搅拌均匀。

5. 在烤盘上铺上一层油纸，
   把面糊倒进烤盘上，
   用力摔一下烤盘，
   以消除面糊里面的气泡，
   再用刮板将面糊表面刮平
   整。

6. 预热烤箱：
   上层 185℃，
   下层 140℃，
   烤 30 分钟左右。
   出炉后摔一下烤盘，
   马上脱模，
   以防止蛋糕收缩。
   晾凉备用。

淡奶油 150g

奶油奶酪 10g

白砂糖 12g

7. 打发奶油馅。
将其打发至
鸡冠状。

8. 将奶油平铺在戚风蛋糕上，
   再用木棍将蛋糕卷起来。

9. 将卷好后的蛋糕卷
   冷藏 30 分钟,
   切开就可以吃啦!

CHEESE TART
芝士流心挞

实在太流了

A m u   K e e p   a   D i a r y

挞皮原料

无盐黄油	110g
全蛋液	40g
糖粉	45g
低筋面粉	180g

芝士流心馅原料

芝士	250g
白砂糖	60g
玉米淀粉	20g
淡奶油	100g
纯牛奶	35g
柠檬汁	2g
朗姆酒	5g

1. 制作挞皮。

黄油 110g
全蛋液 40g
糖粉 45g
低筋面粉 180g

用手把上述原料混合，
将其揉搓成团。

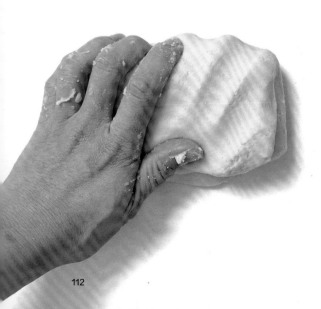

2. 准备少许低筋面粉，防止面团黏手。

3. 将面团分割成每个 40g 左右。

4. 把面团放进模具里，按压成型。

5. 用叉子在底部戳几个洞，
   防止底部隆起。

6. 预热烤箱：
   上层 200℃，下层 200℃，
   烤 25~30 分钟。

7. 制作芝士馅。

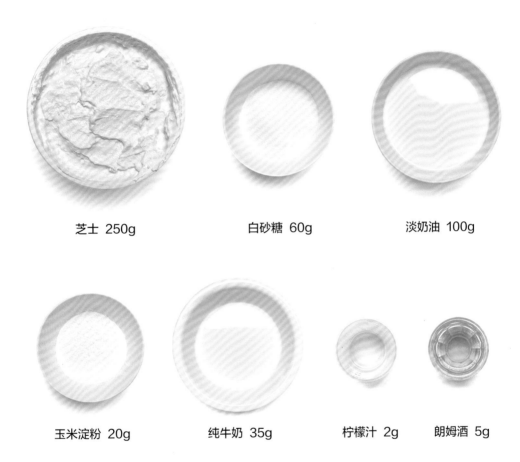

芝士 250g   白砂糖 60g   淡奶油 100g

玉米淀粉 20g   纯牛奶 35g   柠檬汁 2g   朗姆酒 5g

先将芝士软化，在其中加入白砂糖和玉米淀粉后搅拌均匀。
再用厨师机选择快挡高速搅拌，一边搅拌一边加入剩下的原料。

8. 将芝士糊装进裱花袋，
   挤在烤好的挞皮里，
   冷冻 30 分钟。

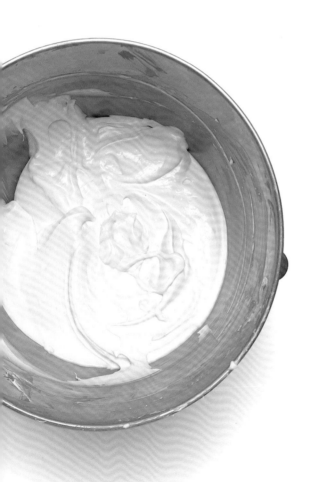

9. 冷冻 30 分钟后，在表面刷上一层全蛋液
   就可以进烤箱了。

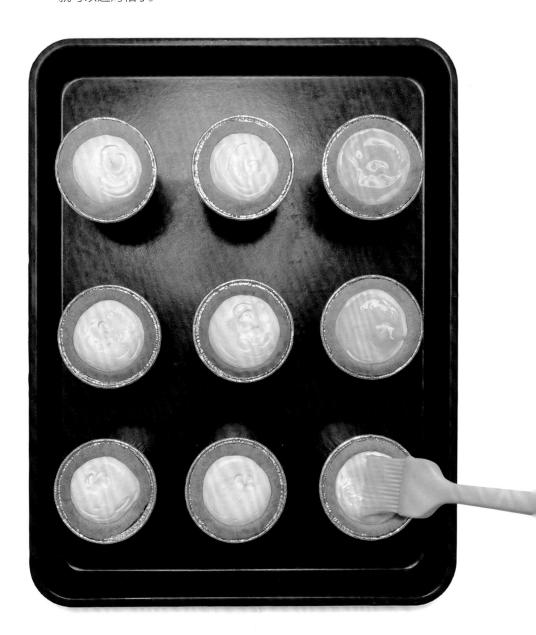

10. 预热烤箱:
    上层 250℃,
    下层 150℃,
    烤 10~12 分钟。

出炉后将其晾凉,
就可以开吃了。

芝士奶酪馅全都流出来了,
吃起来有淡淡的柠檬酸味,
口感好像酸奶。

GATEAU BASQUE

迷你巴斯克蛋糕

Amu Keep a Diary

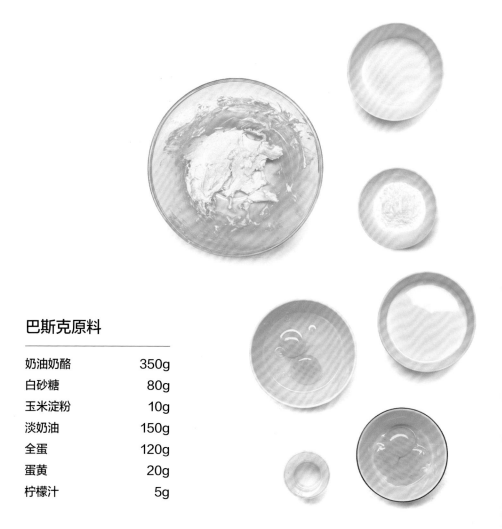

巴斯克原料

奶油奶酪	350g
白砂糖	80g
玉米淀粉	10g
淡奶油	150g
全蛋	120g
蛋黄	20g
柠檬汁	5g

1. 将奶酪充分软化，
   在其中加入糖和淡
   奶油后，搅拌均匀。

2. 加入全蛋和蛋黄，
   继续搅拌均匀。

3. 加入过筛后的玉米粉，
搅拌直至无颗粒感。

4. 最后加入柠檬汁, 搅拌均匀后,
   再过筛一遍, 以使其更加顺滑。

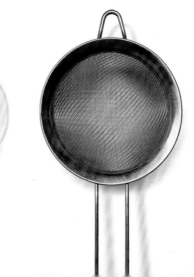

黑松露酱

5. 将面糊倒进纸杯中,一杯大概装 55g 蛋糕液,
   还可以尝试加入一些黑松露酱。

6. 预热烤箱:
   上层 220℃,下层 150℃,
   烤 16 分钟后,
   上火转为 250℃,
   下火关闭,
   再烤 5~6 分钟。

7. 烤至表面微焦,
   就可以出炉了!
   烤好后放凉,
   冷藏后口感更佳!

MUFFIN CAKE

巧克力流心马芬蛋糕

Amu Keep a Diary

蛋糕原料

无盐黄油	80g
牛奶 [1]	70g
白砂糖	60g
全蛋	1个
低筋面粉	130g
可可粉	18g
泡打粉	8g

巧克力流心馅原料

牛奶 [2]	30g
黑巧克力	25g

1. 制作巧克力流心馅。

将牛奶加热至冒热气，
在其中放入巧克力，
直至巧克力完全融化
（冷藏备用）。

牛奶 30g

黑巧克力 25g
（代可可脂）

加热牛奶时要一直搅拌

2. 将原料依次放入并搅拌均匀。

　　黄油 80g

　　牛奶 70g

　　糖 60g

　　鸡蛋 1个

　　低筋面粉 130g（过筛）

　　可可粉 18g（过筛）

　　泡打粉 8g（过筛）

3. 把搅拌好的面糊倒进
   裱花袋，再挤入纸杯里
   （大约 50g）。

4. 用小勺子在面糊中间
   挖一个孔。

5. 把流心巧克力酱挤在中心处
   （大约 10g）。

6. 再在刚才的面糊之上
   挤上面糊，并将其刮
   平整（大约30g）。

7. 在上面撒上耐烘烤的
   巧克力豆。

8. 预热烤箱：
   上层 190℃，
   下层 160℃，
   烤 25 分钟左右。

9. 烤好出炉啦！

SCONE

奥利奥奶酪司康

A m u   K e e p   a   D i a r y

司康原料

低筋面粉	120g
糖粉 [1]	10g
盐	0.5g
奥利奥碎 [1]	15g
淡奶油	55g
无盐黄油	20g
泡打粉	2.5g
奶粉 [1]	5g

奥利奥奶酪馅原料

糖粉 [2]	15g
奶粉 [2]	10g
奥利奥碎 [2]	20g
奶油奶酪	120g

1. 调配奥利奥奶酪馅。
　　将奶酪充分软化，再加入糖粉、奶粉和奥利奥碎，
　　并将其充分搅拌均匀。

2. 将司康面团的原料
混合揉成团。
* 切记,制作司康时不
要过度揉面。

3. 分割面团,用手将其搓圆(每个约45g)。

4. 用拇指按压捏出碗状。

5. 在小碗中心处挤满奥利奥奶酪馅。

6. 慢慢收口。

7. 预热烤箱:
   上层 180℃,
   下层 150℃,
   烤 22 分钟左右。

8. 叮! 出炉!
   撒上奥利奥碎,
   放凉后即可食用。
   密封冷藏后口感更佳!

CANNELÉS

香草可露丽

Amu Keep a Diary

原料

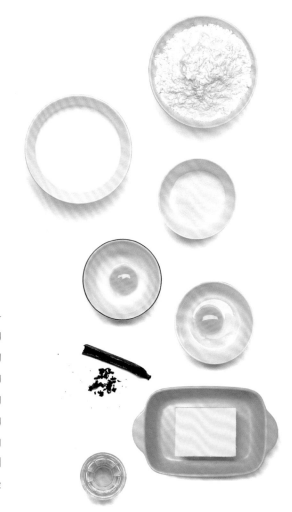

牛奶	280g
低筋面粉	60g
白砂糖	120g
全蛋	60g
蛋黄	30g
无盐黄油	15g
朗姆酒	10ml
香草荚	半条

1. 在牛奶中加入香草籽和香草荚，煮至冒烟
   再将香草籽和香草荚捞出。

2. 趁牛奶余温还在，加入黄油
   搅拌至融化。

3. 低筋面粉过筛，
将牛奶混合物少量多次地
倒进面粉里，
一边倒一边搅拌至
无干粉颗粒状态。

4. 搅拌均匀后，再加入全蛋、蛋黄和糖，
继续搅拌均匀。

5. 将面糊过筛,
   在其中加入朗姆酒并搅拌均匀。

6. 在装有搅拌好的面糊容器上盖上保鲜膜, 冷藏保存 12 个小时。

7. 在模具内壁刷上一层黄油。

8. 将面糊从冷藏室拿出来，
搅拌静置一下，
倒入模具至 9 分满。

9. 将模具放入烤箱，
上层 220℃，下层 220℃，
烤 30 分钟。
出炉之后将模具震动一下，
再复烤，
上层 200℃，下层 200℃，
烤 40 分钟。

10. 经过漫长的等待，
    可露丽终于出炉啦！

CRISPS
开心果可可薄脆

A m u   K e e p   a   D i a r y

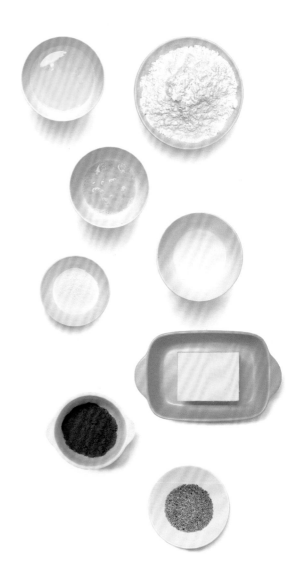

原料

无盐黄油	100g
全蛋液	半个
蛋清	100g
淡奶油	25g
糖粉	90g
低筋面粉	85g
可可粉	15g
开心果碎	若干

1. 将黄油加热至融化备用
   （我是用烤箱的余温加热的）。

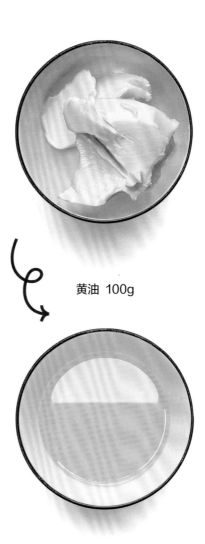

黄油 100g

* 将黄油加热直至完全融化!

2. 准备全蛋液、蛋清、淡奶油、糖粉，
   将这些材料搅拌均匀。

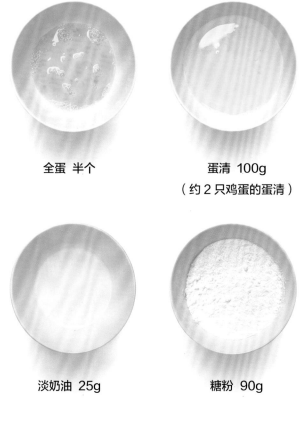

全蛋 半个

蛋清 100g

（约 2 只鸡蛋的蛋清）

淡奶油 25g

糖粉 90g

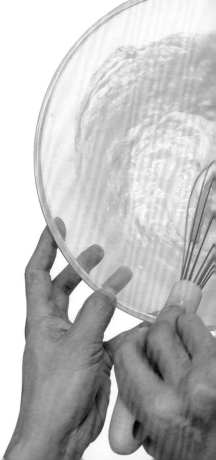

3. 再把低筋面粉与可可粉混合在一起
   过筛后翻拌均匀。

低筋面粉 85g

可可粉 15g

* 要过筛一遍

4. 将融化后的黄油分三次加入面糊中（要搅拌均匀后再加入），
   搅拌均匀后再过筛一遍，消除面糊中多余的泡泡。

融化的黄油 100g

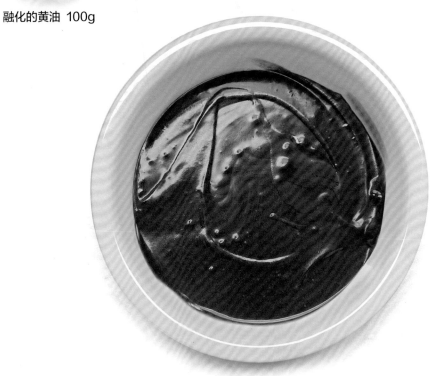

5. 把面糊倒入裱花袋里，

   挤成大约 3cm~4cm 那么大（*注意：这时候面糊会有点向四周散开）。

   在面糊表面撒上一点上次剩下的开心果碎，

   就可以准备进烤箱啦！

6. 预热烤箱,
上火 150℃,
下火 150℃,
烤 25~30 分钟左右,
出炉后晾凉会更脆。

温馨提示: 一定要密封保存

PISTACHIO TART

开心果牛奶挞

Amu Keep a Diary

挞皮原料

无盐黄油	45g
糖粉	30g
低筋面粉	90g
蛋黄 [1]	1 个
奶粉	15g

开心果牛奶馅原料

牛奶	60g
开心果酱	20g
炼奶	50g
淡奶油	40g
蛋黄 [2]	2 个
开心果碎	若干

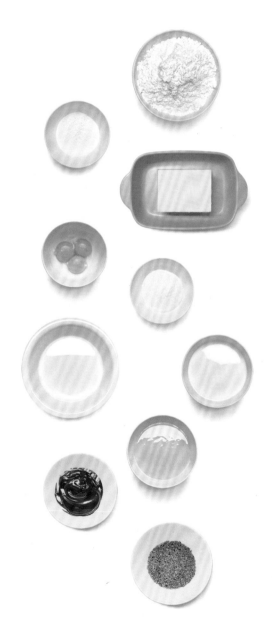

黄油 45g

糖粉 30g

低筋面粉 90g

1. 将原料混合并将其搅拌成团，
   铺在油纸上，擀成长方形，
   冷藏 10 分钟。

蛋黄 1 个

奶粉 15g

2. 在模具里面刷上一层黄油。

3. 把酥皮从冷藏室拿出来, 将其切成约 2.5cm 宽的长条。

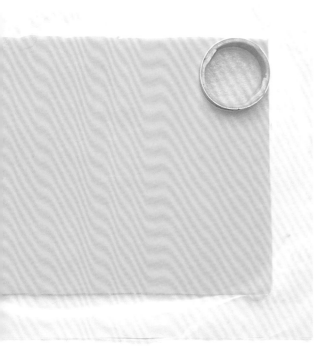

4. 用模具压出挞壳的底部，
连接好侧边和底，
再把侧边多余的切掉，
就可以进烤箱了。

预热烤箱：
上火 180℃，
下火 150℃，
烤 20 分钟。

5. 制作馅料 (11 个)。
　　首先将开心果酱、牛奶
　　炼奶和淡奶油搅拌均匀。

开心果酱 20g

牛奶 60g

炼奶 50g

淡奶油 40g

搅拌均匀后，
再加入蛋黄，
继续搅拌均匀。

蛋黄 2 个

6. 将搅拌好的馅料
   再过筛一遍。

7. 将烤好的挞壳脱模，然后再倒入馅料，
   就可以再进烤箱啦。

8. 预热烤箱：

　　上火 180℃，

　　下火 160℃，

　　烤 20 分钟。

　　最后再撒上一点开心果碎，

　　就完成啦!

MADELEINE

开心果玛德琳蛋糕

A m u   K e e p   a   D i a r y

原料

牛奶	60ml
全蛋液	4 个
白砂糖	60g
开心果酱	60g
蜜糖	20g
无盐黄油	200g
低筋面粉	250g
泡打粉	6g
开心果碎	若干

牛奶 60ml

全蛋 4 只

1. 把原料混合并搅拌均匀。

蜂蜜 20g

白砂糖 60g

开心果酱 60g

2. 隔水加热黄油直至其全部融化，
   将黄油的温度
   冷却至 45℃左右。

黄油　200g

3. 将低筋面粉与泡打粉过筛后
   混合，再倒入面糊，
   搅拌至无颗粒状，
   再把冷却的黄油一同加入
   并搅拌均匀。

低筋面粉 250g　　泡打粉 6g

4. 在装有面糊的容器上盖上保鲜膜冷藏一小时。

5. 在模具上刷上黄油，
   把冷藏后的蛋糕糊
   装入裱花袋，
   挤进模具里。

6. 在面糊中间挤上开心果酱。

7. 再在最上方挤一层蛋糕糊。

8. 预热烤箱:
   上火 210℃, 下火 190℃,
   烤 12~15 分钟。

滴滴滴滴……
烤好出炉!
将蛋糕晾凉后在底部刷点黄油,
把开心果捣碎黏上去,
就可以开吃啦!

PUDDING

焦糖布丁

A m u   K e e p   a   D i a r y

布丁原料

水	20g
白砂糖 [1]	50g
热水	30g
炼奶	40g
淡奶油	100g
白砂糖 [2]	20g
牛奶	200g
蛋黄	3 个
全蛋	2 个

1. 制作焦糖。

水 20g   白砂糖 50g

将水与白砂糖加热,
直至变成焦糖色。

热水 30g

当变成焦糖色时，
快速倒入热水，关火后将其搅拌均匀。

2. 将煮好的焦糖倒入模具中，
   使其平铺在模具底部就 OK。

3. 晾凉后，
   将其放进冰箱冷藏备用。

4. 制作布丁糊。
　　准备炼奶、淡奶油、白砂糖、牛奶和鸡蛋。

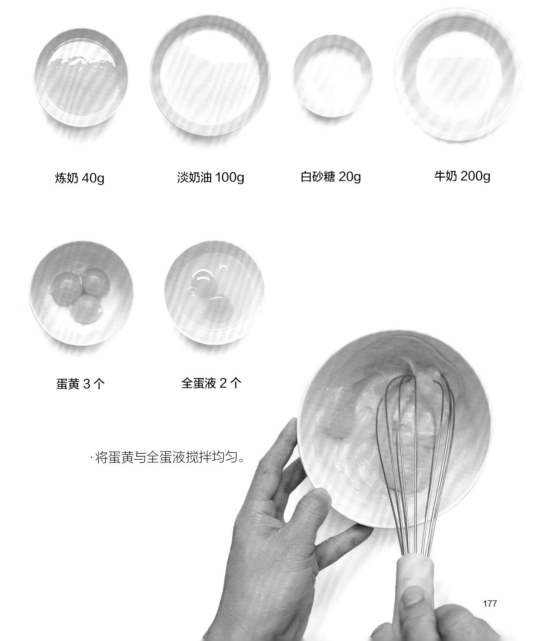

炼奶 40g　　　　　淡奶油 100g　　　　白砂糖 20g　　　　牛奶 200g

蛋黄 3 个　　　　　全蛋液 2 个

·将蛋黄与全蛋液搅拌均匀。

5. 将炼奶、淡奶油
白砂糖和牛奶混合后加热,
一边加热一边搅拌,
直至冒泡,就可以关火了。

6. 晾凉之后,
将其倒入刚刚搅拌好的鸡蛋液中,
一边倒一边搅拌。

7. 将搅拌好的布丁糊
   过筛两遍，
   这样会更加顺滑。

8. 过滤好之后，
   将布丁糊倒入刚刚冷藏后的模具中，
   倒至 8 分满，
   可以在模具边上刷一点点黄油。

9. 预热烤箱：
   上火 160℃，下火 160℃，
   隔水烘烤 60 分钟（水浴法）。

10. 烤好后，将布丁晾凉至常温，
    再冷藏 4 个小时，
    就可以吃了！